Patrik Vogt

Unterrichtsstunde: Achsensymmetrische Figuren - Konstruktion des Umkreises eines Dreiecks unter Verwendung dynamischer Geometriesoftware

GRIN Verlag

Bibliografische Information der Deutschen Nationalbibliothek:

Die Deutsche Bibliothek verzeichnet diese Publikation in der Deutschen National-
bibliografie; detaillierte bibliografische Daten sind im Internet über http://dnb.d-
nb.de/ abrufbar.

Impressum:

Copyright © 2005 GRIN Verlag GmbH
Druck und Bindung: Books on Demand GmbH, Norderstedt Germany
ISBN: 978-3-638-95712-0

Dieses Buch bei GRIN:

http://www.grin.com/de/e-book/92499/unterrichtsstunde-achsensymmetrische-
figuren-konstruktion-des-umkreises

GRIN - Your knowledge has value

Der GRIN Verlag publiziert seit 1998 wissenschaftliche Arbeiten von Studenten, Hochschullehrern und anderen Akademikern als eBook und gedrucktes Buch. Die Verlagswebsite www.grin.com ist die ideale Plattform zur Veröffentlichung von Hausarbeiten, Abschlussarbeiten, wissenschaftlichen Aufsätzen, Dissertationen und Fachbüchern.

Besuchen Sie uns im Internet:

http://www.grin.com/

http://www.facebook.com/grincom

http://www.twitter.com/grin_com

Staatliches Studienseminar
für das Lehramt an Realschulen
Kaiserslautern und Außenstelle Mainz

Unterrichtsentwurf

zur Prüfungslehrprobe im Fach Mathematik

RL-Anwärter: Patrik Vogt
Fach: Mathematik
Klasse: 7c
Fachlehrer: Patrik Vogt
Datum: 10. 05. 2005
Stunde: 2. (8.40 – 9.25 Uhr)
Raum: 302 (Computerraum)

Thema:	**Achsensymmetrische Figuren – Konstruktion des Umkreises eines Dreiecks unter Verwendung dynamischer Geometriesoftware**
Grobziel:	**Die Schülerinnen und Schüler sollen zu einem vorgegebenen Dreieck den Umkreismittelpunkt bestimmen können.**

Teilziele: *Kompetenzen, die neu erworben werden sollen:*

Die Schülerinnen und Schüler sollen

Sachkompetenz (L 3: Leitidee Raum und Form):

– zum Finden des Umkreismittelpunktes die Mittelsenkrechten der Dreieckseiten unter Nutzung des Makros konstruieren können.

– wissen, dass der Schnittpunkt der Mittelsenkrechten dem Umkreismittelpunkt entspricht.

– wissen, dass der Umkreismittelpunkt eines Dreiecks gleich weit von den Eckpunkten entfernt ist.

– den gefundenen Umkreismittelpunkt zum Zeichnen des Umkreises nutzen können.

– zur Bestimmung des Umkreismittelpunktes eine Konstruktionsbeschreibung erstellen können.

Kompetenzen, die verbessert werden sollen:

Die Schülerinnen und Schüler sollen

Sachkompetenz:

– wissen, dass alle Punkte der Mittelsenkrechten zur Strecke $\overline{AB}$ von den Punkten A und B gleich weit entfernt sind.

– wissen, dass die Gleichheitsrelation transitiv ist (ohne Definition).

Methodenkompetenz:

– mit Hilfe des Programms Euklid-DynaGeo ein vorgegebenes geometrisches Problem, das mit Hilfe einer Umkreiskonstruktion gelöst werden kann, lösen können (K 2, K 5).

– während einer Erarbeitungsphase zur Verfügung gestellte Hilfen, in Form einer PowerPoint-Präsentation, sinnvoll zur Problemlösung nutzen können.

1.   Lernvoraussetzungen

1.1 Anthropogene und soziokulturelle Voraussetzungen

Die Klasse 7 c der Realschule X. ist zusammengesetzt aus 13 Mädchen und 14 Jungen, die sich derzeit im formal-operativen Stadium nach PIAGET befinden [8]. Daher sollten die Lernenden bereits in der Lage sein, Einzelsituationen (hier die Konstruktion eines Umkreises zu einem vorgegebenen Dreieck) als Spezialfälle allgemeiner Situationsklassen (Konstruktion des Umkreises eines beliebigen Dreiecks) zu erkennen und somit zu einer Verallgemeinerung fähig sein [9]. Hierbei werden sie zusätzlich von der dynamischen Geometriesoftware „Euklid-DynaGeo" unterstützt.

Die Klasse ist mir seit dem Beginn des Schuljahres aus dem selbstständigen Unterricht im Fach Mathematik bekannt, seit dem 2. Halbjahr unterrichte ich die Lerngruppe zusätzlich in Physik.

Da die Schülerinnen und Schüler in den Klassenstufen 5 und 6 in einer kooperativen Orientierungsstufe unterrichtet wurden, wurde die Klasse 7 c zu Schuljahresbeginn neu gebildet. Dabei zeigten sich bereits in den ersten Mathematikstunden erhebliche Leistungsunterschiede, die auf den unterschiedlichen Orientierungsstufenunterricht und natürlich auf die unterschiedlichen mathematischen Begabungen der Schülerinnen und Schüler zurückzuführen sind. Daher sind Differenzierungen, z. B. durch das Bereitstellen von gestaffelten Hilfen, immer wieder notwendig. Zu Beginn des zweiten Halbjahres kamen zwei weitere Schülerinnen hinzu, L. und Sarah R., die sich mittlerweile gut in die Klasse integriert haben. Beide, vom Gymnasium kommenden, Mädchen zeichnen sich durch eine gute Mitarbeit im Unterricht aus; gerade bei L. wird deutlich, dass die Mathematik ihr offensichtlich Freude bereitet. Vor ca. vier Wochen kam T. in die 7 c – ebenfalls ein ehemaliger Gymnasiast. Er ist ein sehr ruhiger Schüler und sicherlich noch nicht optimal in die Klassengemeinschaft integriert. Da er zu P. L. schon seit längerem ein freundschaftliches Verhältnis hat, wurde die Sitzordnung so geändert, dass die Jungen nebeneinander sitzen können.

Neben L. zählen insbesondere M. und K. zu den leistungsstarken Schülern. Es ist auffallend, dass gerade M. nicht nur durch seine positiven Unterrichtsbeiträge, sondern auch durch häufige Unterrichtsstörungen auf sich aufmerksam macht. Durch die bereits ergriffenen pädagogischen Maßnahmen – wie z. B. Zusatzaufgaben, Nachholung der durch Schwätzen versäumten Unterrichtszeit, intensive Gespräche mit dem Schüler und auch mit dessen Mutter, schriftlicher Tadel – konnte noch keine Besserung erzielt werden. Über eine optimale Methode, die zu einer Verhaltensänderung führt, muss gemeinsam mit den Kolleginnen und Kollegen nachgedacht werden.

Insgesamt ist die Anzahl der verhaltensauffälligen Kindern in der Klasse 7 c relativ hoch. M., P. S. und St. sind ADS-Kinder und stehen teilweise unter dem Einfluss von Medikamenten. Gerade bei M. und P. wird ihre Erkrankung durch eine permanente Unruhe deutlich, die das Unterrichtsgeschehen nachteilig beeinflusst. St. wirkt dagegen häufig eher etwas träge.

Der Schüler K. ist am Asperger-Autismus erkrankt. Es handelt sich dabei um eine ausgeprägte Kontakt- und Kommunikationsstörung. Die betroffenen Menschen besitzen meist eine normale, manchmal sogar eine überdurchschnittliche, Intelligenz und eine normale Sprachentwicklung. Ich schätze K.s mathematisches Verständnis als überdurchschnittlich hoch ein. Seine Kenntnisse im Umgang mit dem PC sind dagegen eher gering, weshalb er zusammen mit Ariane – sie zeichnet sich durch vorbildliches, soziales Verhalten aus – gemeinsam an einem Computer arbeitet.

Folgende Schülerinnen und Schüler fallen durch häufiges Schwätzen auf: I., D., P. S., P. L., St., Y., M. und N..

1.2 Methodische Voraussetzungen

Seit der Behandlung des Themenbereichs *„Achsenspiegelung und Achsensymmetrie"* wurde mehrfach die dynamische Geometriesoftware *„Euklid-DynaGeo"* im Unterricht eingesetzt. Die Schülerinnen und Schüler sollten die Grundfunktionen, wie. z. B. das Zeichnen von Punkten, Schnittpunkten, Strecken, Geraden, Lotgeraden, Dreiecken und Kreisen bereits beherrschen, sowie Spiegelungen und Mittelsenkrechten konstruieren können. Insbesondere die für die geplante Unterrichtsstunde notwendigen Zeichenschritte (Zeichnen von Punkten, Mittelsenkrechten, Schnittpunkten, Kreisen) sollten die Lernenden ohne Schwierigkeiten ausführen können. Zur Konstruktion der Spiegelung einer Figur und der Mittelsenkrechten einer Strecke dürfen die Schülerinnen und Schüler (mittlerweile) das dafür vorgesehene Makro benutzen.

Ebenfalls bekannt ist den Lernenden das Arbeiten mit gestaffelten Hilfen, die sie selbstständig – entsprechend ihren Möglichkeiten – abrufen können. Von der Präsentationssoftware Power-Point wurde zu diesem Zweck bisher zweimal Gebrauch gemacht. Die Schülerinnen und Schüler wissen daher, dass sie mit der Windows-Taste zwischen einer gestarteten PowerPoint-Präsentation und dem Programm Euklid-DynaGeo wechseln können. Dies ist notwendig, da sonst die Präsentation stets neu gestartet werden müsste.

Einige Schülerinnen und Schüler tun sich mit dem Arbeiten am Rechner nach wie vor schwer. Dies liegt im Wesentlichen daran, dass wichtige Hinweise häufig nicht befolgt, Hilfen nicht genutzt und die Präsentationen immer wieder unterbrochen werden. Hier gilt es, intensiv weiterzuarbeiten und auf die Einhaltung der besprochenen Verhaltensregeln zu achten.

Der Lerngruppe stehen im PC-Saal insgesamt 18 Rechner zur Verfügung, weshalb – bei 27 Schülerinnen und Schülern – mindestens neun Zweiergruppen gebildet werden müssen. Nicht selten fällt ein Computer aus, so dass weitere Paare zu bilden sind. Um in diesem Fall einen größeren Zeitverlust zu vermeiden, sind die Lernenden in Teams zu je zwei Kindern eingeteilt. Fällt der Rechner eines Schülers aus, so arbeitet dieser mit seinem Partner zusammen.

Während der bisherigen Unterrichtseinheit wurde großen Wert auf das Beschreiben und Begründen von Konstruktionsschritten gelegt, wie es auch vom Lehrplan [2] gefordert wird. Aus diesem Grund ist für die Schülerinnen und Schüler die während der Sicherungsphase eingesetzte Methode (ein Schüler führt die Präsentation vor, andere schreiben die Konstruktionsbeschreibung an) nichts Neues.

1.3 Stoffliche Voraussetzungen

Folgende Kompetenzen sollten die Schülerinnen und Schüler bereits erworben haben:

Die Schülerinnen und Schüler sollten

- wissen, dass jeder Punkt der Mittelsenkrechten der Strecke $\overline{AB}$ von den Punkten A und B gleich weit entfernt ist.

- wissen, dass alle Punkte, die von A und B gleich weit entfernt sind, sich auf der Mittelsenkrechten der Strecke $\overline{AB}$ befinden.

- wissen, dass jeder Punkt einer Kreislinie vom Kreismittelpunkt den gleichen Abstand hat.

2. Begründung der Lernziele

2.1 Sachanalyse

Grundlegend für alle Symmetriebetrachtungen und jegliche Kongruenzabbildung ist die *Achsenspiegelung*.

Definition: Achsenspiegelung

Unter einer Achsenspiegelung S_a (Spiegelung an der Achse a) versteht man eine orthogonale Kollineation, die jeden Punkt von a fest lässt und ungleich der identischen Abbildung ist.

Jede *Kongruenzabbildung* lässt sich als Verkettung von maximal drei Achsenspiegelungen darstellen. In der unten stehenden Übersicht ist dies beispielhaft für die *Drehung*, die *Punktspiegelung/ Halbdrehung* und die *Verschiebung/ Translation* dargestellt.

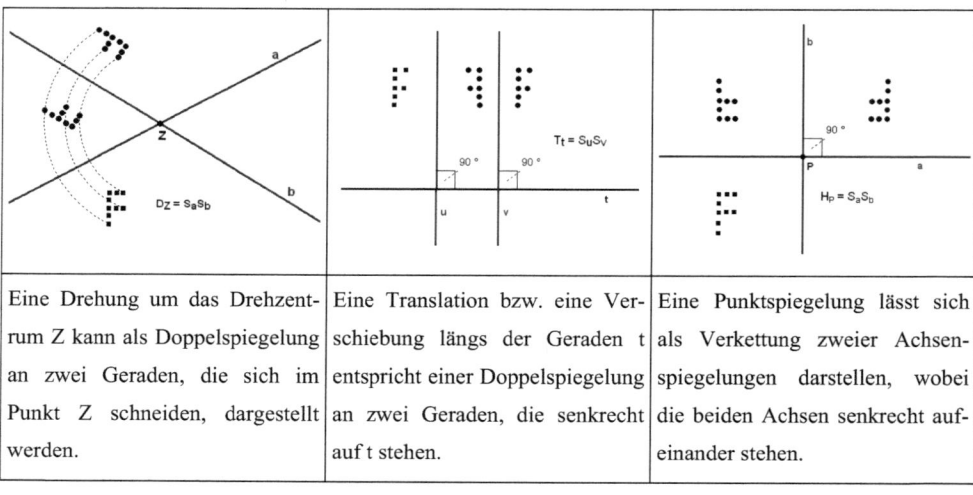

Eine Drehung um das Drehzentrum Z kann als Doppelspiegelung an zwei Geraden, die sich im Punkt Z schneiden, dargestellt werden.	Eine Translation bzw. eine Verschiebung längs der Geraden t entspricht einer Doppelspiegelung an zwei Geraden, die senkrecht auf t stehen.	Eine Punktspiegelung lässt sich als Verkettung zweier Achsenspiegelungen darstellen, wobei die beiden Achsen senkrecht aufeinander stehen.

Wir nennen eine Figur genau dann *symmetrisch*, wenn sie durch eine Verkettung von endlich vielen Achsenspiegelungen (Bewegung) auf sich selbst abgebildet werden kann. Je nachdem, durch welche Bewegung die Figur auf sich selbst abgebildet wird,

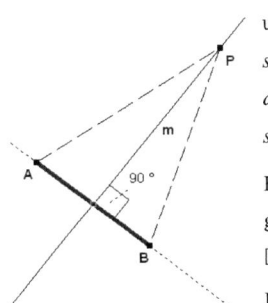

unterscheidet man in *punkt-symmetrische (zentralsymmetrische), drehsymmetrische (radialsymmetrische)* und *achsen-symmetrische (axialsymmetrische)* Figuren.

Bei achsensymmetrischen Figuren existiert also eine Achsenspiegelung, welche die Figur auf sich selbst abbildet. [7]

Eine der einfachsten, denkbaren achsensymmetrischen Figur ist eine Strecke s zwischen zwei Punkten A und B. Jede Strecke $\overline{AB}$ besitzt genau zwei Symmetrieachsen; die durch A und B definierte Gerade und die Gerade m, welche die Strecke halbiert und auf ihr senkrecht steht (vgl. Abb.). m wird als *Mittelsenkrechte* der Strecke $\overline{AB}$ bezeichnet. Jeder Punkt der Mittelsenkrechten ist von A und B gleich weit entfernt.

Es gilt: P I („inzidiert", „liegt auf") m $\Leftrightarrow$ $\left|\overline{PA}\right| = \left|\overline{PB}\right|$

Da die Spiegelung nach Definition inzidenzerhaltend ist, wird die Strecke $\overline{AP}$ auf die Strecke $\overline{A'P'}$ abgebildet und entspricht, wegen P = P' und A' = B der Strecke $\overline{BP}$. Die Mittelsenkrechte der Strecke $\overline{AB}$ bildet also die Symmetrieachse des gleichschenkligen Dreiecks ABP.

Mit Hilfe der Mittelsenkrechten kann zu einem beliebigen Dreieck der Umkreismittelpunkt konstruiert werden.

<u>Satz:</u> Umkreismittelpunkt

Seien A, B, C die Punkte eines beliebigen Dreiecks, dann gilt: Die Mittelsenkrechten der Dreieckseiten schneiden einander in einem Punkt. Dieser Punkt ist der Mittelpunkt M des Dreiecksumkreises [7].

<u>Beweis:</u>

Sei m_a die Mittelsenkrechte der Strecke $\overline{BC}$, m_c die Mittelsenkrechte der Strecke $\overline{AB}$, m_b die Mittelsenkrechte von $\overline{AC}$ und M der Schnittpunkt von m_a und m_b. Zu zeigen: M I m_c.

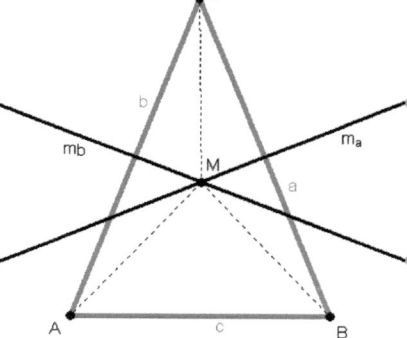

$$\left. \begin{array}{l} |\overline{MB}| = |\overline{MC}| \ (\text{da M I } m_a) \\ |\overline{MA}| = |\overline{MC}| \ (\text{da M I } m_b) \end{array} \right\} \Rightarrow |\overline{MB}| = |\overline{MA}| \Rightarrow \text{M I } m_c \qquad \text{w. z. z. w.}$$

Bei spitzwinkligen Dreiecken liegt der Mittelpunkt des Umkreises M im Dreieck (vgl. Abb. rechts), bei rechtwinkligen Dreiecken auf der Hypotenuse (Thalessatz) und bei stumpfwinkligen Dreiecken außerhalb des Dreiecks (vgl. Abb. unten).

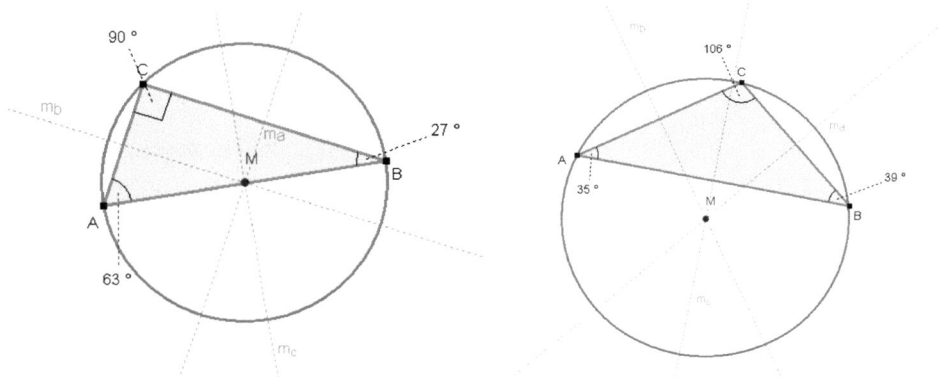

Lage des Umkreismittelpunktes
bei rechtwinkligen Dreiecken

Lage des Umkreismittelpunktes
bei stumpfwinkligen Dreiecken

In der unten stehenden Abbildung ist ein Begriffsnetz zum Thema „*achsensymmetrische Figuren*" dargestellt.

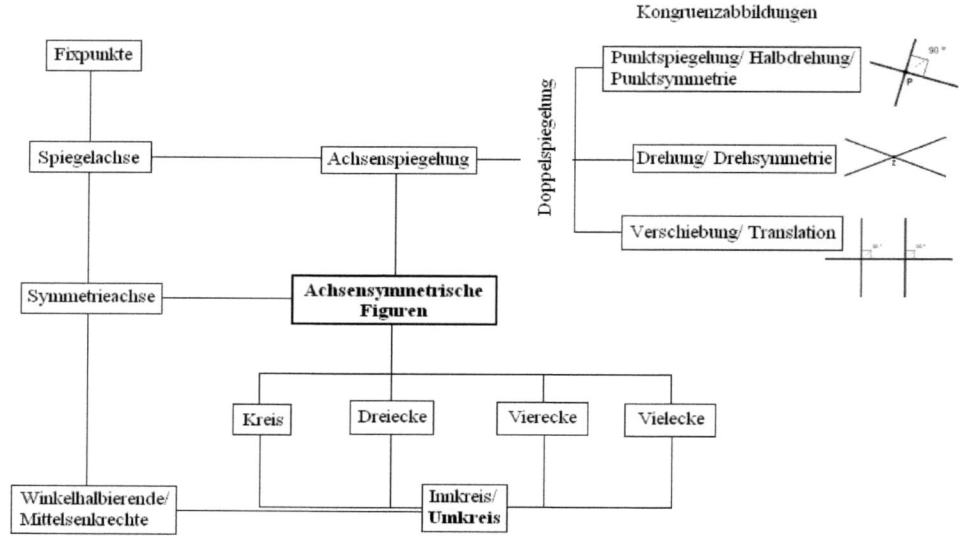

Begriffsnetz „*achsensymmetrische Figuren*"

2.2 Bedeutung und Stellung des Themas im Lehrplan

Die Notwendigkeit der Behandlung des Themas „*achsensymmetrische Figuren*" ergibt sich zum einen aus ihrem häufigen Vorkommen in der Natur, wie auch bei von Menschen hergestellten Dingen. Beispiele für (nahezu) achsensymmetrische Gegenstände in der Natur sind Pflanzen (Blätter, Früchte, Blüten), Tiere (z. B. Schmetterlinge, Fliegen) und nicht zuletzt der Mensch (Gesicht, Arme, Beine). Dass beinahe alle vom Menschen hergestellten Gegenstände symmetrisch – zu mindestens einer Achse bzw. Ebene – sind, hat sicherlich häufig praktische (man stelle sich z. B. einen unsymmetrischen Tisch oder Stuhl vor), teils physikalische (z. B. Statik eines Hausdaches, die Aerodynamik eines Autos oder Flugzeugs) und stets auch ästhetische Gründe; symmetrische Formen empfinden wir als angenehm. So wurde der Kreis stets als die vollkommenste Figur angesehen, weshalb z. B. der griechische Philosoph PLATON (427-347 v. Chr.) die Auffassung vertrat, dass Sterne sich auf Kreisbahnen bewegen. Auch die hohe Akzeptanz der plastischen Chirurgie kann zu großem Teil mit dem Wunsch nach vollständiger Symmetrie begründet werden.

Im Gegensatz zu allgemeinen Symmetriebetrachtungen, muss die Bedeutung der Umkreiskonstruktion eines Dreiecks für das alltägliche Leben der Schülerinnen und Schüler als gering eingeschätzt werden. Durch die Behandlung im Unterricht bietet sich jedoch die Gelegenheit, zahlreiche – zum Teil von den Bildungsstandards geforderte – Kompetenzen voranzutreiben [1].

Der hohe Stellenwert des Themas *„achsensymmetrische Figuren"* geht auch aus den Lehrplänen hervor, die – spiralartig aufgebaut – seine Behandlung in unterschiedlichen Klassenstufen vorschreiben.

Insbesondere treten achsensymmetrische Figuren in den einzelnen Jahrgangsstufen wie folgt auf:

Klasse 1/2: Symmetrie in der Natur, Symmetrie bei von Menschen hergestellten Dingen

Klasse 3/4: Achsen-, Dreh- und Schubsymmetrie

Klasse 5/6: Achsensymmetrie, Verschiebungssymmetrie, Drehsymmetrie

Klasse 7/8: Achsenspiegelung, Mittelsenkrechte, Winkelhalbierende, achsensymmetrische Figuren und ihre Eigenschaften, gleichschenkliges/ gleichseitiges Dreieck, Vierecke, Kreis, Tangente, Kreissehne, Innkreis, Umkreis, Kongruenzabbildungen und kongruente Figuren

Klasse 9/10: Symmetrieeigenschaften von Funktionsgraphen

2.3 Didaktische Reduktion und zu erwartende fachliche Schwierigkeiten

Die didaktische Reduktion bei der Behandlung des Umkreises besteht darin, dass der Satz – *„die Mittelsenkrechten der Seiten eines beliebigen Dreiecks schneiden sich in einem Punk"* – in der geplanten Stunde nicht formal-deduktiv bewiesen wird. Dieser soll, falls Zeit dazu bleibt, mit Hilfe des Programms *„Euklid-DynaGeo"* lediglich veranschaulicht werden. Durch das Ziehen der Dreieckspunkte können sich die Schüler, nach einmaliger Konstruktion des Umkreises, für jedes beliebige Dreieck den Umkreismittelpunkt anzeigen lassen. Insbesondere beobachten sie, wie der Umkreismittelpunkt beim Verändern des Dreiecks wandert, was man durchaus als einen anschaulichen Beweis bezeichnen kann.

Als weiterer Punkt ist die Benutzung des Makros, das zur Konstruktion der Mittelsenkrechten genutzt wird, zu nennen. Die Lernenden können zwar die Mittelsenkrechte bereits auf konventionellem Wege konstruieren, dennoch stellt die Benutzung des Makros eine Erleichterung dar. So kann wichtige Zeit eingespart werden, um eine stärkere Beschäftigung mit der Sache zu erreichen.

Alle auftretenden, fachlichen Schwierigkeiten bei der Konstruktion des Umkreises sollten durch die vorbereiteten Hilfen aufgefangen werden. Diese sind so kleinschrittig ausgearbeitet, dass jeder Konstruktionsschritt auch von den schwächeren Schülerinnen und Schülern durchgeführt werden kann.

2.4 Bezüge zu den Bildungsstandards

In die Erarbeitung der schon aufgeführten Lernziele ist auch das Vorantreiben der folgenden Fachmethoden implementiert:

K1 Mathematisch argumentieren

– Lösungswege beschreiben und begründen.

K2 Probleme mathematisch lösen

– Vorgegebene Probleme bearbeiten.

K3 Mathematisch modellieren

– Den Bereich oder Situation, die modelliert werden soll, in mathematische Begriffe, Strukturen und Relationen übersetzen.

– Ergebnisse in dem entsprechenden Bereich oder der entsprechenden Situation interpretieren und prüfen.

K5 Mit symbolischen, formalen und technischen Elementen der Mathematik umgehen

– Mathematische Werkzeuge (Software) sinnvoll und verständig einsetzen.

K6 Kommunizieren

– Überlegungen, Lösungswege bzw. Ergebnisse dokumentieren, verständlich darstellen und präsentieren, auch unter Nutzung geeigneter Medien.

3. Unterrichtsverlauf und geplantes Tafelbild

Unterrichtsphase	Aktionen	Regieanweisungen
Stundeneröffnung (Begrüßung)	Begrüßung durch den RLA; es erfolgt der Hinweis, dass alle Rechner hochzufahren sind und die Schülerinnen und Schüler sich mit ihrer Kennung anmelden sollen.	
Einstieg/ Motivation (Zeitungsartikel)	Den Schülerinnen und Schülern wird ein Zeitungsartikel ausgeteilt, der von einem Lernenden vorgelesen wird. Aus diesem Artikel wird die Problemstellung der Stunde im Unterrichtsgespräch herausgearbeitet und an der Tafel fixiert. **„Wo soll die Disko gebaut werden?"**	Zeitungsartikel Unterrichtsgespräch Tafel
ARBEIT AM PROBLEM	**KONSTRUKTION DES UMKREISES EINES DREIECKS**	
Lehrervortrag (Unterrichtsablauf)	Den Schülerinnen und Schülern wird der weitere Verlauf des Unterrichts mitgeteilt: - Einzel-/ Partnerarbeit - Arbeitsauftrag und Hilfen als PPT-Datei - zur Problemlösung soll die Datei „*Landkarte.geo*" verwendet werden - mit der Windows-Taste zwischen der Präsentation und Euklid wechseln - Zeitvorgabe (12 Minuten)	Lehrervortrag Disketten 12 Minuten
Erarbeitung (Umkreiskonstruktion)	Die Schülerinnen und Schüler bearbeiten den Arbeitsauftrag in Einzel- bzw. Partnerarbeit mit Hilfe des Programms *Euklid-DynaGeo*. Die Lernenden - markieren die Orte Karlsruhe, Landau und Speyer durch Punkte. - *(verbinden die Punkte zu einem Dreieck.)* - zeichnen die Mittelsenkrechten der Dreiecksseiten ein. - zeichnen den Schnittpunkt der Mittelsenkrechten ein. - kontrollieren den Abstand durch das Einzeichnen eines Kreises um den gefundenen Mittelpunkt.	Einzel-/ Partnerarbeit Disketten *„Landkarte.geo"* *„Auftrag+Hilfen.ppt"*

	Während dieser Erarbeitungsphase werden die Schülerinnen und Schüler durch kontextbezogene, gestaffelte Hilfen unterstützt, so dass jeder – entsprechend seinen Möglichkeiten – das Lernen selbst steuern kann.	
Differenzierung (Lage des Mittelpunktes)	Die Lernenden, die den Arbeitsauftrag zügig abgearbeitet haben, erhalten durch die PowerPointPräsentation weitere Arbeitsaufträge. Die Lernenden - überprüfen die Konstruktion des Umkreises an einem beliebigen Dreieck. - erkennen durch Ziehen an den Dreieckspunkten, dass zu jedem beliebigen Dreieck auf diese Weise ein Mittelpunkt gefunden werden kann. - untersuchen die Lage des Umkreismittelpunktes bei spitzwinkligen, rechtwinkligen und stumpfwinkligen Dreiecken. Auch hierbei werden sie durch Hilfen unterstützt.	*„Hilfe1.geo", „Hilfe2.geo"*
Sicherung (Konstruktionsbeschreibung) *Sollbruchstelle*	Ein Schüler bzw. eine Schülerin führt die Konstruktion am Lehrerrechner vor, weitere Schüler schreiben die Konstruktionsbeschreibung parallel dazu an das Whiteboard (Stafettenpräsentation). Falls notwendig, werden die Lernenden durch Hilfen unterstützt (Satzbausteine zu den Konstruktionsschritten).	Lehrerrechner, Beamer, Whiteboard, **Hilfen** Schülerpräsentation **Bildschirme mit Hilfe des Mastereyes ausschalten!**

Reflexion (Wirklich Hördt?)	Ausgehend von der Frage, weshalb die bereits bestehenden Diskotheken in Kandel und nicht in Hördt gebaut wurden (obwohl sie ebenfalls vorwiegend die Gäste aus Karlsruhe, Landau und Speyer ansprechen), wird das Ergebnis (Hördt) in Frage gestellt. Es wird erarbeitet, dass erstens der Straßenverlauf zwischen den Orten und dem gefundenen Punkt nicht geradlinig verläuft und die Frage des Standortes darüber hinaus nicht nur von den Entfernungen abhängt:	Unterrichtsgespräch
	- Kandel liegt direkt an der A 65 und kann daher von Landau und Karlsruhe noch schneller und bequemer erreicht werden	auf Standortfaktoren eingehen
	im Gegensatz zu Hördt besitzt Kandel ein großes Industriegebiet mit preiswertem Bauland	
Festigung (Verallgemeinerung)	*„Wo läge der Dreiecksmittelpunkt, wenn man den dritten Eckpunkt nicht auf Speyer, sondern nach Germersheim legen würde? Müssen wir zur Beantwortung der Frage die gesamte Konstruktion nochmals durchführen?"*	Unterrichtsgespräch
	Eine Schülerin bzw. ein Schüler gibt an, dass man zur Beantwortung der Frage lediglich den Eckpunk von Speyer nach Germersheim ziehen muss.	Lehrerrechner, Beamer „Landkarte.geo"
	„Kann man auf diese Weise für drei beliebige Punkte, also für jedes beliebige Dreieck, den Mittelpunkt finden?"	
	Durch das Ziehen an den Eckpunkten erkennen die Lernenden, dass mit Hilfe der durchgeführten Konstruktion zu jedem beliebigen Dreieck ein Mittelpunkt gefunden werden kann.	
	Der Begriff *„Umkreis"* wird eingeführt.	**Begriffseinführung** *„Umkreis"*

Hausaufgabe	Die Schülerinnen und Schüler bearbeiten ein Arbeitsblatt, auf dem zu einer vorgegebenen Konstruktion die Konstruktionsbeschreibung ergänzt werden soll. Der wesentliche Teil der Konstruktion – die Konstruktion der Mittelsenkrechten – muss ebenfalls von den Lernenden ergänzt werden (vgl. Anlage 11).	Arbeitsblatt

Geplantes Tafelbild

<u>Wo soll die Disko gebaut werden?</u>   10. 05. 05

- Markiere die Städte Landau, Karlsruhe und Speyer durch Punkte.
- *(Verbinde die Punkte zu einem Dreieck.)*
- Zeichne die Mittelsenkrechten der Dreiecksseiten ein.
- Markiere den Schnittpunkt der Mittelsenkrechten und benenne ihn mit M.
- Zeichne um M einen Kreis durch einen der Dreieckspunkte, um zu prüfen, ob wirklich alle drei Punkte den gleichen Abstand von M haben.

am Whiteboard fixierte Konstruktionsbeschreibung

(Der kursiv geschriebene Text kann weggelassen werden.)

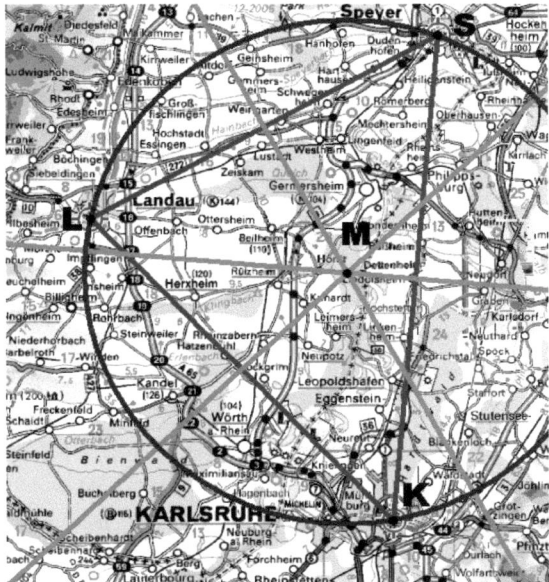

Projektionswand

4. Methodischer Kommentar

Die Erarbeitung des Begriffs *„Umkreis"* erfolgt in der geplanten Unterrichtsstunde durch eine Problemstellung, wie sie in vielen Schulbüchern zu finden ist und zum Beispiel auch von LEUTENBAUER in [4] vorgeschlagen wird. Dabei wird allerdings häufig übersehen, dass die rein mathematische Lösung des Problems (Konstruktion des Umkreismittelpunkts) nur zu einer ersten Näherung führt.

Im Vergleich zur Begriffseinführung durch Äquivalenzklassenbildung scheint mir bei dieser Thematik der vorgesehene Weg die bessere Variante zu sein, da er eine große Praxisnähe besitzt und sehr schnell zu einem erkennbaren Problem führt, welches die Lernenden weitestgehend selbständig lösen können. Darüber hinaus kann nach der Problembearbeitung thematisiert werden, dass das Ergebnis nur eine erste Näherung darstellt und neben den Entfernungen noch weitere Faktoren berücksichtigt werden müssen (Standortfaktoren). Dadurch werden weitere Kompetenzen vorangetrieben; beispielhaft sei an dieser Stelle auf die Kompetenz K 3 (Mathematisch modellieren; Ergebnisse in dem entsprechenden Bereich oder der entsprechenden Situation interpretieren und prüfen) verwiesen.

Damit sich die Lernenden mit dem Problem stärker identifizieren können, wurde dieses absichtlich so gewählt, dass die Orte bekannt sind.

Während der Erarbeitungsphase zeigen sich eine Reihe von Vorteilen des computergestützten Lernens, aufgrund derer ich mich für den Einsatz des Computers als mathematisches Mittel (Werkzeug), aber auch als pädagogisch-didaktisches Mittel (Medium) entschieden habe:

- Das Lösen mathematischer Probleme unter Nutzung des Computers stellt für die Schülerinnen und Schüler eine zusätzliche Motivation dar.

- Geometrische Konstruktionen können mit Hilfe einer geeigneten Software schneller durchgeführt werden; durch das Einsparen von Zeit kann intensiver über die Inhalte nachgedacht werden, ohne einen Verlust anderer Kompetenzen in Kauf nehmen zu müssen. Die Lernenden können bereits die Mittelsenkrechte auf konventionellem Wege mit Zirkel und Lineal konstruieren, d. h. der Computer übernimmt wiederkehrende, algorithmische Tätigkeiten, deren Ausübung von Hand zu keinem neuen Wissenserwerb führen würde. In besonderem Maße wird dies deutlich, wenn die Schülerinnen und Schüler das Dreieck verändern, um so das Wandern des Mittelpunktes beobachten zu können und die Allgemeingültigkeit der Umkreiskonstruktion für beliebige Dreiecke zu folgern.

- Die Schülerinnen und Schüler werden durch gestaffelte Hilfen unterstützt, die ihnen in Form einer PowerPoint-Präsentation vorliegen. Dadurch kann sich jeder Schüler/ jedes Team – entsprechend seinen eigenen Fähigkeiten – Lösungshinweise selbständig abrufen, wodurch gleichzeitig eine Differenzierung erreicht wird. Der Abruf der Hilfen aus einer PowerPoint-Präsentation ist komfortabler, erneut einsetzbar und – da keine Kopien anfallen – kostengünstiger. Ein weiterer Vorteil besteht darin, dass durch die Integration von Zusatzaufgaben zusätzliche Differenzierungen völlig unproblematisch vorgenommen werden können, wovon auch in der geplanten Stunde Gebrauch gemacht wird.

Der Erarbeitungsphase schließt sich die Sicherung an, wozu ein Schüler die Konstruktion des Umkreises vorführt und weitere Kinder parallel dazu die Konstruktionsbeschreibung an das Whiteboard übernehmen. Im Gegensatz zur Vorstellung der Konstruktion mit Hilfe des Beamers, ist das Anschreiben der Konstruktionsbeschreibung für die Lernenden eine eher unbeliebte Aufgabe, wozu sich nur die wenigsten freiwillig bereit erklären. Aus diesem Grund nutzte ich in einer solchen Phase häufig die Methode der „Stafettenpräsentation"; jeder Schüler muss lediglich einen Konstruktionsschritt anschreiben, was eine deutlich höhere Bereitschaft der Schülerinnen und Schüler nach sich zieht. Gegebenenfalls werden die Lernenden während dieser Phase ebenfalls durch Hilfen unterstützt.

Eine solche Präsentationsphase halte ich für außerordentlich wichtig, da zum einen die Lernenden eine Möglichkeit erhalten, ihre Ergebnisse zu präsentieren und zum anderen die Kommunikationsfähigkeit der Schülerinnen und Schüler gefördert wird (K 6).

Da aus zeitlichen Gründen während der Unterrichtsstunde keine schriftliche Sicherung, z. B. Übernahme der Konstruktionsbeschreibung ins Schülerheft, erfolgen kann, muss dies durch die gestellte Hausaufgabe geleistet werden. Hierbei ist notwendig, dass die Lernenden bei der Formulierung der Konstruktionsbeschreibung in irgendeiner Form unterstützt werden. Im ausgearbeiteten Arbeitsblatt soll dies durch den „Film", der die Konstruktion veranschaulicht, geleistet werden. Den wesentlichen Schritt der Konstruktion des Umkreismittelpunktes, nämlich die Konstruktion der Mittelsenkrechten, muss jedoch von den Schülerinnen und Schülern ergänzt werden. So wird erreicht, dass die Konstruktionsbeschreibung, wie auch deren Durchführung, in gleichem Maße gefestigt und gesichert wird.

5. Dokumentation

5.1 Quellen

[1]   *Bildungsstandards der KMK* (2003)

[2]   *Lehrplan Mathematik - Realschule, Kultusministerium Rheinland-Pfalz* (2001)

[3]   *Lehrplan Mathematik (Klassen 7-9/10) - Hauptschule, Realschule, Gymnasium, Kultusministerium Rheinland-Pfalz*. Emil Sommer, Verlag für das Schulwesen, Grünstadt (1984)

[4]   LEUTENBAUER, H.: *Das praktische Handbuch für den Mathematikunterricht – Band 2 Geometrie*, Auer, Donauwörth, 2003

[5]   MAROSKA, R. u. a.: *Schnittpunkt 7, Mathematik Rheinland-Pfalz,* Ernst Klett Schulbuchverlag, Stuttgart (2002)

[6]   *Erwartungshorizonte – Klassenstufen 6 und 8 – zu den Bildungsstandards für den Mittleren Schulabschluss Mathematik*, Ministerium für Bildung, Frauen und Jugend RLP, Mainz, 2004

[7]   ROLLES, G., u. a.: *Basiswissen Schule Mathematik*, DUDEN, Mannheim, PAETEC, Berlin, 2001

[8]   ZIMBARDO, P. G., RUCH, F. L.: *Lehrbuch der Psychologie*, Springer, Berlin, 1978

[9]   *Die genetische Erkenntnistheorie und Psychologie von JEAN PIAGET*, Skript aus dem Fachseminar Mathematik, Studienseminar Kaiserslautern

6. Zur Motivation eingesetzter Zeitungsartikel

7. Screenshot der Euklid-Datei „Landkarte.geo"

8. Screenshots der PPT-Datei „Auftrag+Hilfen.ppt"

Arbeitsauftrag

Hinweis: Für die Hilfen gilt wie immer: So viel wie nötig, so wenig wie möglich!

1. Findet den Platz, der von Landau, Speyer und Karlsruhe die gleiche Entfernung hat. Hilfe

2. Markiert den gefundenen Platz mit einem Punkt und benennt ihn sinnvoll. Hilfe

3. Überprüft, ob dieser Platz wirklich zu allen drei Punkten die gleiche Entfernung hat. Hilfe

!! Starthilfe !!   Ende

Wie kann man einen Platz finden, der von Speyer, Landau und Karlsruhe gleich weit entfernt ist?

Findet zunächst alle Punkte, die von Speyer und Landau gleich weit entfernt sind.

Findet dann die Punkte, die von Speyer und Karlsruhe gleich weit entfernt sind.

Findet schließlich noch die Punkte, die von Landau und Karlsruhe gleich weit entfernt sind.

Jetzt könnt ihr sicher den Punkt bestimmen, der von allen drei Orten gleich weit entfernt ist.
– oder braucht ihr weitere Hilfe ?

Zurück

Zu zwei vorgegebenen Punkten A und B lassen sich mit Hilfe einer Geraden leicht alle Punkte darstellen, die zu A und B den gleichen Abstand haben.

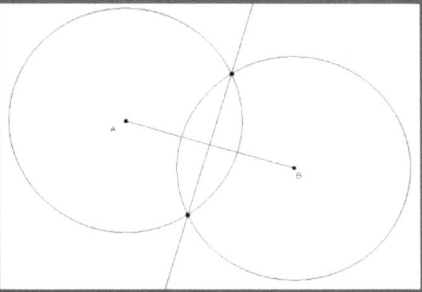

Wie man eine solche Gerade nennt, und wie sie mit Hilfe von Euklid sehr schnell konstruiert werden kann, solltet ihr noch wissen.

zurück

Markiert den Platz

Wie kann man den gefundenen Platz *genau* markieren?

Der gefundene Platz ist *genau* dort, wo sich die Linien schneiden.

Um ihn *genau* einzuzeichnen, müsst ihr ihn an den Schnittpunkt der Linien binden. Das geht am geschicktesten mit diesem Befehl:

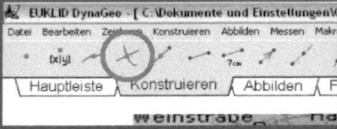

zurück

Stimmt der Abstand?

Wie kann man überprüfen, ob der Abstand zu allen drei Punkten gleich groß ist?

Das ist nicht weiter schwer. Wir müssen nur eine Figur einzeichnen,
die uns zu einem gegebenen Mittelpunkt immer den gleichen Abstand anzeigt.

Dabei handelt es sich natürlich um einen Kreis.

Wir brauchen einen Kreis, der aus Mittelpunkt und einem Punkt auf der
Kreislinie konstruiert wird. Den findet ihr hier:

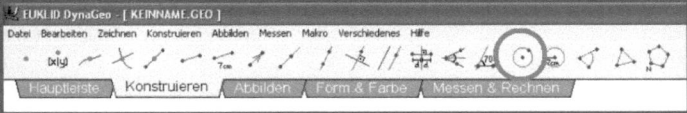

zurück

Wirklich alles erledigt?
Wenn ja, abspeichern nicht vergessen!!!!!

zurück   weiter

Überprüft die Konstruktionsschritte an einem beliebigen Dreieck.

Durch Ziehen der Ecken dieses Dreiecks, könnt ihr euch den Mittelpunkt aller erdenklichen Dreiecke mit nur einer Konstruktion anzeigen lassen.

Wo liegt der Mittelpunkt bei einem rechtwinkligen Dreieck?
Wo liegt er bei einem stumpfwinkligen oder einem spitzwinkligen Dreieck?
Versucht eine Regel abzuleiten. Notiert euer Ergebnis in einer Textbox.

Benötigt ihr Hilfe? Dann öffnet die Datei *Hilfe1.geo*.

Für weitere Hilfen startet *Hilfe2.geo*.

9. Screenshots der Euklid-Dateien „*Hilfe1.geo*" und „*Hilfe2.geo*"

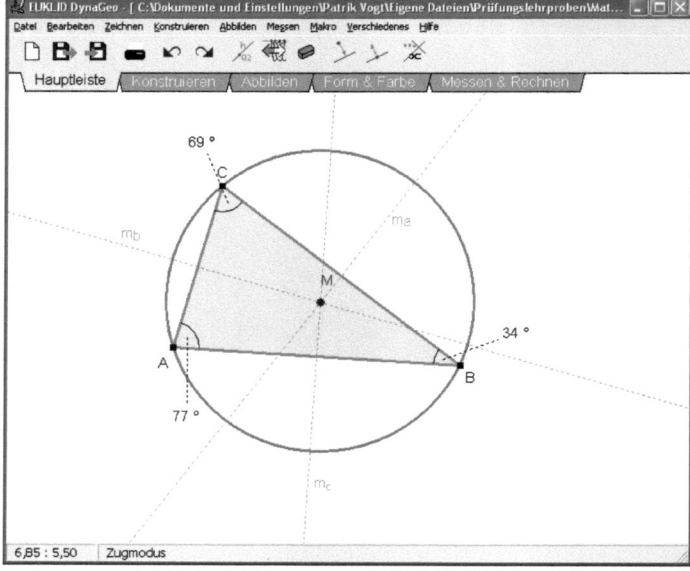

Screenshot der Datei „*Hilfe1.geo*"

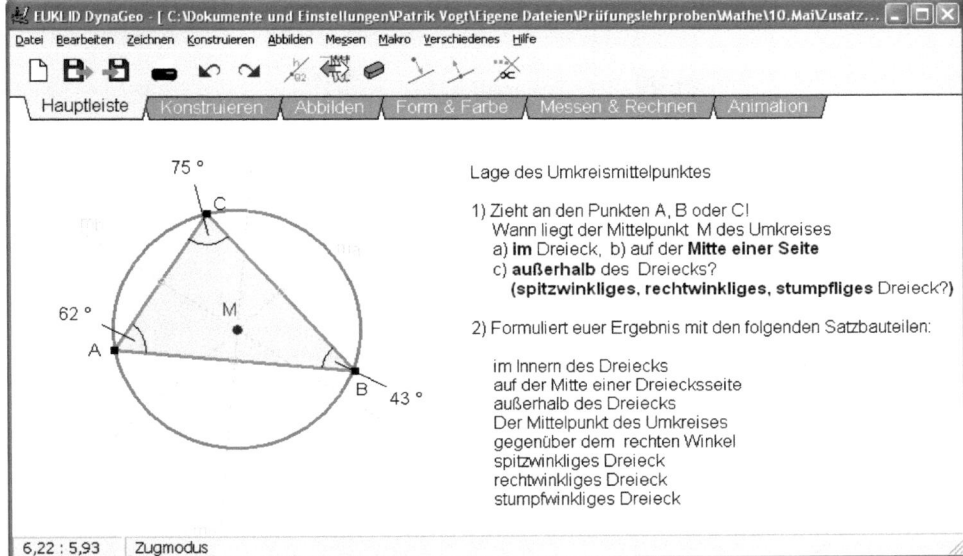

Screenshot der Datei „*Hilfe2.geo*"

10. Hilfen zur Konstruktionsbeschreibung

	- markiere - Städte - Punkte
	- verbinde - Dreieck
	- zeichne - Mittelsenkrechte
	- markiere - Schnittpunkt

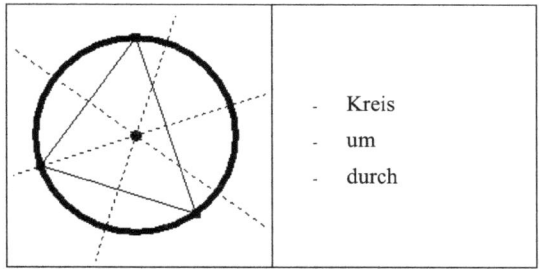

- Kreis
- um
- durch

11. Hausaufgabe

Der Umkreis eines Dreiecks

Vervollständige die nachfolgende Tabelle!

Film (Konstruktion)	Drehbuch (Konstruktionsbeschreibung)
	Zeichne die Mittelsenkrechten der Dreiecksseiten ein.

12. Arbeitspläne

12.1 Stoffverteilung

1. Halbjahr	Wiederholung der Bruchrechnung
	Zuordnungen zwischen Größenbereichen
	Rationale Zahlen
2. Halbjahr	Terme und Termumformungen
	Achsenspiegelung und Achsensymmetrie
	Gleichungen und Ungleichungen
	Prozent- und Zinsrechnung

12.2 Arbeitsplan in der Peripherie der aktuellen Stunde

Datum		Inhalte	Bemerkungen
Dienstag	05. 04. 05	Eigenschaften der Achsenspiegelung	in O.-Stufe bereits behandelt
Mittwoch	06. 04. 05	Konstruktionsbeschreibung	
Mittwoch	06. 04. 05	Euklid-DynaGeo	Programmeinführung; Dateienfolge von K. Friebe
Freitag	08. 04. 05	Achsenspiegelung mit Euklid	Einführung von PPT als Hilfesystem
Dienstag	12. 04. 05	Übungen zur Achsenspiegelung	Festigung
Mittwoch	13. 04. 05	Achsenspiegelung mit Makro	
Mittwoch	13. 04. 05	Fixgeraden/ Fixpunkte	
Freitag	15. 04. 05	Abschluss Achsenspiegelung	Leistungsmessung
Mittwoch	20. 04. 05	Achsensymmetrie	Zusammenhang Achsensymmetrie - Achsenspiegelung
Mittwoch	20. 04. 05	Mittelsenkrechte	Begriffsbildung (Problemstellung); PPT als Hilfesystem
Freitag	22. 04. 05	Übungen zur Mittelsenkrechten	Festigung
Dienstag	26. 04. 05	Konstruktion von Lotgerade und Parallele	Anwendung der Mittelsenkrechten

Mittwoch	27. 04. 05	Mittelsenkrechte, Lotgerade, Parallele mit Hilfe des Makros einzeichnen	
Mittwoch	27. 04. 05	Zeichnen der Senkrechten und der Parallelen mit Hilfe des Geodreiecks; Winkelhalbierende	Begriffsbildung Winkelhalbierende
Freitag	29. 04. 05	Konstruktion der Winkelhalbierenden	
Dienstag	03. 05. 05	Anwendungsaufgaben zur Winkelhalbierenden	Reflexion am ebenen Spiegel, Bestimmung der Himmelsrichtung
Mittwoch	04. 05. 05	spitzer, stumpfer, rechter Winkel	Begriffsbildung (Äquivalenzklassenbildung)
Mittwoch	04. 05. 05	spitzwinkliges, stumpfwinkliges, rechtwinkliges Dreieck	Begriffsbildung (Äquivalenzklassenbildung)
Dienstag	10. 05. 05	Konstruktion des Umkreises	„Diskoaufgabe"
Mittwoch	11. 05. 05	Konstruktion des Innkreises	
Mittwoch	11. 05. 05	In- und Umkreis	Festigung
Freitag	13. 05. 05	Sekante, Tangente	Begriffsbildung

13. Kommentierter Sitzplan

S. ☹	D. 🔊		L. ☺		P. 🔊⬛	I. 🔊🔊	A. ☹
K. ☹	M.	J.	P. S. 🔊🔊⬛		Y. 🔊		M. ☹
N. ☹🔊⬛	X. ☹	T.	L.		D, ⬛	T.	P. L. 🔊
C. R.	St. ☹	M. ☺ 🔊🔊	I.		A. ☺ K. ☺	F. 🔊☹	B. ☹

Lehrerpult

☺   leistungsstarker Schüler
☹   leistungsschwacher Schüler
◀🔊   stört häufig den Unterricht
▪   gute PC-Kenntnisse

Pult